Extrait du *Bulletin de la Société d'Études Scientifiques d'Angers*
(année 1907)

# MUSCINÉES

DU

## DÉPARTEMENT DE MAINE-ET-LOIRE

*(Supplément n° 3)*

PAR

## G. BOUVET

ANGERS

GERMAIN & G. GRASSIN, IMPRIMEURS-ÉDITEURS
40, rue du Cornet et rue Saint-Laud
—
1908

# MUSCINÉES

DU

## DÉPARTEMENT DE MAINE-ET-LOIRE

*(Supplément  n° 3)*

PAR

G. BOUVET

Les observations qui font l'objet du présent travail ont été réunies depuis la publication, en 1903, du 2e supplément aux *Muscinées du département de Maine-et-Loire.*

J'adresse ici l'expression de ma bien vive reconnaissance à MM. F. Camus, Corbière, Dismier, l'abbé Hy, Préaubert, qui m'ont toujours amicalement fait part du résultat de leurs recherches, ou aidé de leurs précieux et bienveillants conseils.

Les espèces ou variétés nouvelles sont :

*Sphagnum recurvum*, v. *amblyphyllum,*
*Fontinalis antipyretica*, v. *robusta,*
*Philonotis calcarea*, v. *orthophylla,*
    —     *cæspitosa,*
    —     —   v. *orthophylla,*
    —     *capillaris,*
*Grimmia anodon*, v. *mutica,*
*Barbula Pagorum,*
*Trichostomum rigidulum,*
*Leptotrichum flexicaule*, v. *densum,*
    —    *cylindricum,*
*Dicranum strictum,*
*Jungermannia crenulata*, v. *gracillima,*
*Riccia sorocarpa.*

En résumé :

2 espèces à rayer (*Camptothecium nitens* et *Scapania uiigi-nosa*) ;

5 espèces et 2 sous-espèces à ajouter, d'où un total de :

| | | | | | |
|---|---|---|---|---|---|
| *Sphagna* ....... | 14 espèces.................... | | | | 14 |
| *Musci* ......... | 272 | — | 27 sous-espèces... | | 299 |
| *Hepaticæ*....... | 87 | — | 1 | — ... | 88 |
| | | | | | 401 |

Cette augmentation de 5 unités seulement, en 5 années de recherches, prouve, à l'évidence, que l'inventaire des *Muscinées du département de Maine-et-Loire* est bien près d'être complet.

C'est tout au plus si l'on peut espérer l'enrichir de quelques espèces signalées dans les départements limitrophes, et dont la présence en Anjou n'a rien d'absolument impossible.

G. Bouvet.

*Angers, le 14 avril 190*

# SPHAGNA

6 — **Sphagnum recurvum** Pal.-Beauv.
Var. *amblyphyllum* Russ.
Angers, en Saint-Augustin, dans les anciennes carrières d'ardoises !
Var. *mucronatum* Russ.
Même station ! (F. Cam. et abbé Hy).

# MUSCI

10 — **Hypnum aduncum** Hedw.
Etriché, étang de Selaine ! — Cholet ! (E. Mocquet). — Liré, village des Fourneaux, flaques des carrières du calcaire dévonien ! (F. Cam.).
Toujours stérile.

17 – **H. cupressiforme** L.

* **H· resupinatum** Wils.
Saint-Léger, près Cholet, sur des chênes de futaie ! (F. Cam.).

19 — **H. molluscum** Hedw.
La Renaudière ! (Brin). — Liré, rochers calcaires ! (F. Cam.), — Le Pont-Barré et Fontevrault, c. fr. ! (de la Perraud.).

32 — **A. irriguum** Schimp.
* **A. fluviatile** Br. eur.
Montreuil-Bellay, chaussée du Thouet, stér. !

39 — **Rhynchostegium algirianum** Lindb., *Eurhynchium tenellum* Milde.
Saint-Maur, près de l'abbaye, sur le calcaire jurassique !

47 — **Eurhynchium circinatum** Br. eur.
ϐ *deflexifolium* Boul.; *Hypnum circinatum* var. *inundatum* N. Boul., *Musc. Gall.* 579.

Érigné, la Roche de Mûrs, au niveau supérieur atteint l'hiver par les eaux de la Loire ! — Moulin-Guérin, en amont de Tiffauges, sur la Sèvre nantaise (limite des départements de Maine-et-Loire et de la Vendée) ! (F. Cam.).
Toujours stérile.

### 49 — **E. crassinervium** Br. eur.

Montreuil-Bellay, dans une ruelle descendant au Thouet, derrière le château ! — La Moine, au Bouchot, près La Romagne ! (F. Cam.).

### 52 — **E. pumilum** Schimp.

Cholet ! (F. Cam.).

### 54 — **Scleropodium cæspitosum** Br. eur.

Escarpement schisteux entre Érigné et Juigné-sur-Loire, très bien fructifié !

### 55 — **S. Illecebrum** Br. eur.

Baugé, talus sableux avant le moulin de Choisellier, c. fr. ! — Torfou ! (F. Cam.). — Route de Saint-Florent à Saint-Pierre-Montlimart ! (Brin).

### 61 — **Brachythecium rivulare** Br. eur.

Pontigné, bords des ruisselets dans les prés tourbeux, près du moulin de Choisellier, stèr. !

### 62 — **B. populeum** Br. eur.

Le Bouchot, près La Romagne, c. fr. ! (F. Cam.).

### 65 — **Camptothecium nitens** Schimp.

Dans son manuscrit de 1877, Trouillard cite à nouveau la localité des marais de Continvoir, mais en l'attribuant au département d'Indre-et-Loire.
M. l'abbé Hy m'a dit avoir recuilli cette espèce dans un pré tourbeux, sur la route de Pouancé à Martigné-Ferchaut, à gauche, non loin des limites de notre département.

### 79 — **Antitrichia curtipendula** Brid.

Forêt de Vezins, au Bâtiment, sur les arbres, stér. !

### 80 — **Leucodon sciuroides** Schw.

Saint-Melaine, sur les *schistes en glacis* du chemin de la Fosse-Piau, stér. ! (C'est la première fois que je rencontre cette espèce sur des rochers). — La Séguinière, bois de la Brunière, sur les chênes; c. fr. ! (Brin).

### 82 — **Neckera pumila** Hedw.

Forêt de Vezins, au Bâtiment ! Maulévrier, bois de Saint-Louis ! — Stérile dans ces deux localités.

### 87 — **Fontinalis antipyretica** L.

La forme robuste, indiquée à Dénezé-sous-le-Lude sous le nom de *gigantea* se rapporte à la var. *robusta* Card., la dénomination *gigantea* SULL. devant être réservée à la plante américaine.

### 90 — **Buxbaumia aphylla** HALL.

Angers, bois de la Haie, à gauche de la grande allée, sur le talus d'un fossé raviné descendant à l'étang, quelques pieds seulement ! (MM. les abbés Hy et Bioret, 1908).

### 96 — **Pogonatum aloides** PAL.-B.

β *Dicksoni* HOOK et TAYL.

Saint-Macaire, à la Cossardière ! (Brin).

### **Philonotis** BRID.

M. Dismier, qui a fait une étude appronfondie du genre *Philonotis*, a bien voulu revoir les échantillons de mon herbier. Il résulte de son travail que les plantes recueillies jusqu'à ce jour en Maine-et-Loire doivent être interprétées comme suit :

### 100 — **P. fontana** BRID., *Bryol. univ.; Bartramia fontana* BRID., *Mant.*

Été. Bords des sources et des petits ruisseaux. AR. Stér.
Ecouflant ! — Mouliherne ! (Préaub.).

### * **P. calcarea** SCHIMP., *Bartramia calcarea* BR. EUR.

Eté, au bord des sources et des petits ruisseaux, *sur le calcaire*. R. Pontigné, en amont du moulin de Choisellier, c. fl. mâles ! — Baugé (Chev.). — Brain-sur-Allonnes, étang de Vauzelles (Trouill.).

Var. *orthophylla* SCHIFFN. — La Pellerine près Noyant ! (Trouill.). — Mouliherne, aux Trois-Cheminées ! (Préaub.)

### * **P. cæspitosa** WILS., *P. fontana* β *compacta* (SCHIMP.) Bouv., *Musc. du dép. de M.-et-L.*, p. 51.

Eté. Suintements des rochers humides. AR. Stér.
Juigné-sur-Loire, au bas des rochers ! — Ingrandes ! (Préaub.).

Var. *orthophylla* LSKE. — Angers, la Baumette ! Roche de Mûrs !

### 100 bis — **P. capillaris** LINDB.; HUSN. *Rev. bryol.*, 1890, p. 44, et *Muscol. gall.*, p. 269, t. LXXIV; *P. marchica* AUCT. ANDEG. et G. BOUV., *Musc. du dép. de M.-et-L.*, p. 51 (non BRID., *Bryol. univ.*); *P. marchica* var. *tenuis* BOUL., *Musc., de la Fr.*, p. 217; G. BOUV., *loc. cit.*, p. 52; *P. tenuis* CORB., *Musc. de la Manche*, p. 290 (non TAYLOR): *P. Boulayi* CORB., *Suppl. aux Musc. de la Manche*, p. 288 (12); G. BOUV., *Musc. du dép. de M.-et-L., Suppl. n° 1*, p. 160, et *Suppl. n° 2*, p. 180.

Pr. Sur la terre sèche et sablonneuse. R. Stér.

Saint-Sylvain, au Perray, sur le talus du chemin qui longe le bois, au nord (1875) ! La Varenne, vallée de la Divatte ! Montreuil-sur-Loir, talus sableux d'un petit chemin entre les routes de Tiercé et d'Etriché ! — Brain-sur-l'Authion (de la Perraud., in Trouill., *Manuscrit* 1877). — Cholet, la Séguinière à Vieilmur (Br. et Cam., ex Cam. *in litt.*).

## 119 — **Bryum atropurpureum** Br. eur.

Saint-Melaine, glacis d'un chemin en face Noizet, sur le schiste ! — Torfou ! (F. Cam.).

## 120 — **B. alpinum** L.

La Séguinière, sur les rochers des bords de la Moine, au-dessous de la ferme de la Pierre-Blanche ! (F. Cam.).

## 123 — **B. capillare** L.

6 *torquescens* Husn.

Montreuil-Belfroy, en descendant la route vers **Juigné-Bené** ! (Préaub.).

## 127 — **Webera nutans** Hedw.

Escarpement schisteux entre Juigné-sur-Loire et Erigné !

## 131 — **Leptobryum piriforme** Schimp.|

La Roche de Mûrs, dans les fissures des rochers humides, c. fr. !

## 133 — **Entosthodon ericetorum** Schimp.

Seint-Lambert-la-Potherie, talus de la route, près des Landes ! Forêt de Vezins !

## 135 — **Physcomitrium sphæricum** Brid.

Angers ! (Guépin).

## 138 — **Tetraphis pellucida** Hedw.

Coteaux de la Mayenne, entre Pruillé et Grez-Neuville ! (Préaub.).

## 141 — **Orthotrichum rupestre** Schleich.

## * O. Sturmii Hoppe et Hornsch.

Sainte-Gemmes d'Andigné ! (Abbé Ravain et Brin).

## 143 — **O. leiocarpum** Br. eur.

Sur les saules, au bord de la Verzée ! (Abbé Hy).

## 144 — **O. Lyellii** Hook. et Tayl.

Vezins, dans la forêt, et sur les arbres de la route de Nuaillé, stér..

### 148 — **O. rivulare** Turn.

La Renaudière ! (Brin) ; sur les arbres souvent inondés des bords de la Moine, au Pont de Clopin, près Roussay ! (Brin), et à Saint-Melaine près Cholet ! (F. Cam.).

### 151 — **Ulota crispa** Brid.

Forêt de Vezins, au Bâtiment ! Maulévrier, bois de Saint-Louis !

### 152 — **U. phyllantha** Brid. (*ex p.!*)

Chez nous, cette espèce ne se rencontre que *sur les arbres* et jamais sur les rochers, comme je l'ai avancé par erreur (*Musc. du dép. de M.-et-L.*). Du reste, la plante des rochers maritimes serait une espèce distincte : *U maritima* C. Müll et Kindb.

### 153 — **Zygodon viridissimus** Brid.

Angers, sur les Ormes et les Marronniers, c. fr. ! (Guépin).

### 163 — **Racomitrium canescens** Brid.

Avrillé, carrière de la Renaissance, sur les débris schisteux, c. fr. ! (abbé Hy, Préaub.).

### 164 bis — **Grimmia anodon** Br. eur.

Var. *mutica* Broth., *G. edentula* Hy.

Angers, sur le mur de clôture du château des Plaines de Rosseau, c. fr. ; quelques touffes seulement ! (abbé Hy).

Voir sur cette espèce des montagnes, et nouvelle pour notre flore, la note publiée par M. l'abbé Hy dans la *Reuue bryologique*, 1905, p. 82.

### 165 — **G. crinita** Brid.

Corzé ! (Préaub.).

### 167 — **G. pulvinata** Sm.

γ *longipila* Schimp. — Chaudefonds, à l'Orchère, sur les rochers calcaires !

### 170 — **G. trichophylla** Grev.

Saint-Melaine, sur les schistes en glacis du chemin de Fosse-Piau, en face Noizet, c. fr. !

### 173 — **G. montana** Br. eur.

Angrie ! (Préaub.).

### 174 — **Cinclidotus riparius** Arn ; *Trichostomum riparium* Brid., *Cinclidotus riparioides* Guép., in herb.

Angers, à Saint-Nicolas, c. fr. (de la Perraud.) — Sur les pieux des moulins à eau, c. fr. (Guép. in herb., sans indication de localité précise.)

**177 bis — Barbula rigida** Br. eur.

La plante du moulin de la Roche, à Pontigné, que j'avais cru pouvoir rapporter à cette espèce, n'est que *B. ambigua* Br. eur.

L. *B. rigida*, en tant qu'il constitue une espèce distincte et autonome, reste donc à constater en Maine-et-Loire. M. Thériot (*Musc. de la Sarthe*, p. 124) l'a trouvé tout près de nos limites, au Lude (Sarthe).

**178 — B. squamigera** Viv.

Sur les rochers calcaires : Pontigné, moulin de La Roche ! Concourson, route de Saint-Georges-Châtelaison ! Doué-la-Fontaine, route de Vihiers ! Chaudefonds, à l'Orchère ! — Sur les murs, à Bagneux, près Saumur ! (F. Cam.).

**182 — B. muralis** Timm.

γ. *incana* Br. eur. — Ferme de Vieilmur, près la Séguinière ! (F. Cam.).

δ. *rupestris* Schultz. — La Daguenière, sur le parapet de la levée de la Loire !

**184 — B. mucronata** Brid.

Saumur, prairies de la Loire, c. fr. ! Vallon de la Turmelière, entre Liré et Drain, c. fr. ! Ruisseau de Montbeau, entre Cholet et Trémentines, c. fr. ! Mazières, au bord d'un affluent de la Moine, près du viaduc, c. fr. ! (F. Cam.).

**186 — B. vinealis** Brid.

*** B. cylindrica** Schimp.

Escarpement schisteux entre Juigné-sur-Loire et Erigné, à la limite des eaux d'hiver, stér. ! Saint-Maur, en amont du bourg, au pied d'un ancien four-à-chaux, c. fr. ! — Beaupréau, rochers des coteaux de l'Evre, stér. ! (F. Cam.).

ς *sinuosa* Lindb. — Villevêque, sur les pierres du rouissage, en aval du moulin !

D'après M. Thériot (*Musc. de la Sarthe*, p. 127), rien ne justifie la subordination du *B. sinuosa* au *B. cylindrica*.

**187 — B. gracilis** Schwægr.

Parnay, rochers calcaires, c. fr. ! (Préaub.).

**188 — B. Hornschuchiana** Schultz.

Saint-Melaine, glacis du chemin de Fosse-Piau ! Beaulieu, au Pont-Barré !

**191 — B. tortuosa** W. et M.

Beaulieu, au bas de la Roche-Servière, en très bel état de fructification !

**196 — B. lævipila** Br. eur.

Passavant, rive gauche de l'étang, sur les *rochers schisteux* !

Cette station a lieu de surpendre pour une espèce d'habitude essentiellement arboricole.

*** B. papillosa** C. Müll.

Baugé, sur les arbres du Mail !

M. le D<sup>r</sup> F. Camus pense que le *B. papillosa*, en raison de la nature de son tissu, doit être considéré comme une espèce bien distincte du *B. lævipila*, auquel on le rattache ordinairement à titre de variété.

*** B. Pagorum** Milde ; Rabenh., *Bryoth. europ.*, n° 458.

Angers, sur les arbres du Mail ! Baugé, sur les tilleuls de la promenade ! Saint-Hilaire-Saint-Florent, près Saumur, sur des peupliers !

N'est peut-être qu'un état maladif du *B. lævipila* (var. *propagulifera* Lindb.).

## 198 — **B. princeps** C. Müll.

Passavant, rochers schisteux sur la rive gauche de l'étang ! Chaudefonds, route de Saint-Aubin, au-dessus de la gare !

## 199 — **Desmatodon Guepini** Br. eur.

Angers, chemin des Tranchandières, parmi *Barbula canescens* et *Pottia lanceolota* ! (abbé Hy).

## 200 — **Trichostomum tophaceum** Brid.

Beaulieu, dans une carrière, à gauche de la route, en descendant au Pont-Barré, stér. !

## 200 bis — **T. rigidulum** Sm. ; *Barbula rigidula* Milde, *ex p.* ; *Didymodon rigidulus* Hedw.

Saint-Maur, escarpements du jurassique, près de l'abbaye !

M. Dismier, auquel je dois l'identification de ma plante, estime que le *T. rigidulum* a été méconnu jusqu'à présent et n'est pas, à beaucoup près, aussi rare qu'on l'avait supposé tout d'abord. Il a, du reste, donné dans le *Bulletin de la Société botanique de France* (1905, p. 184) un aperçu de sa distribution en France.

D'après cet éminent bryologue, le *T. rigidulum*, qu'on peut confondre à l'état stérile, soit avec le *Barbula fallax*, soit avec certaines formes de *Barbula vinealis* ou de *Didymodon spadiceus* (Mitt. ) Limpr., s'en distingue cependant facilement à l'examen microscopique par la présence de petits groupes de propagules sub-sphériques qui se montrent en abondance, et plus spécialement, à l'aisselle des feuilles supérieures.

## 201 — **T. crispulum** Bruch.

Pontigné, chemin du moulin de La Roche, sur des blocs de grès, au-dessous des calcaires, stér. ! Chaudefonds, carrière de l'Orchère, en très bel état de fructification !

## 203 — **T. nitidum** Schimp.

Erigné, route de Soulaines, talus à gauche, sur le sommet de la côte, avant Rochambault, stér. !

## 205 — **Didymodon luridus** Hornsch.

Angers, à la Faculté libre, sur un mur humide dans la serre (abbé Hy). — Bagneux, près Saumur ! (F. Cam.).

### 208 — **Pottia Mittenii** Corb.

M. F. Camus conserve à l'espèce comprise *sensu luto* le nom amplectif de *P. Wilsoni* Br. eur.

### 209 — **P. lanceolata** C. Müll.

ϛ *albidens* Corb. (Var. *leucodonta*, Auct.). — Beaulieu, carrière à gauche de la route en descendant au Pont-Barré !

### 211 — **Leptotrichum flexicaule** Hampe.

Gennes, sur les grès à *Sabalites*, au-dessous des calcaires ! (Préaub ).

Var. *densum* Schimp. — Champigny-le-Sec ! (Préaub.).

### 213 bis — **L. cylindricum** Husn.

Cholet, chemin conduisant du passage à niveau de La Bretellière aux moulins de Saint-Léger ! (F. Camus, 1903).

### 216 — **Fissidens exilis** Hedw.

Cholet, route de la Séguinière, fossé longeant la ferme du Gué-en-Bouin ! ( F. Cam.).

### 217 — **F. incurvus** Schwægr.

Chaudefonds, à l'Orchère !

### 224 — **Campylopus fragilis** Bb. eur.

Saint-Sylvain, bois du Perray !

### 226 — **C. brevipilus** Br. eur

Landes de Courléon ! (Préaub.). — Jarzé ! (Brin).

### 228 bis — **Dicranum strictum** Schleich.

Montreuil-sur-Maine, coteau de la Mayenne, stér. ! (Préaub.).

Voici ce que m'écrit M. Dismier au sujet de cette plante nouvelle pour l'Anjou :

« Le *Dicranum strictum* est une espèce fort rare, surtout en plaine. Il a cependant déjà été trouvé en Bretagne, dans la forêt de Coëtquen (Côtes-du-Nord), le 9 juin 1875, par M. J. Gallée.

Jusqu'en 1875, la plante de Coëtquen était inscrite, dans les Catalogues et les Flores, sous le nom de *Dicranum viride*. C'est M. F. Camus qui a reconnu que la mousse recueillie par J. Gallée n'était pas le *D. viride*, mais le *D. strictum*. En vue de rétablir les faits, M. Camus a publié une note[1] ayant pour titre : *Sur une Mousse du département des Côtes-du-Nord, considérée jusqu'ici comme le Dicranum viride (Sull.).* Cet auteur fait remarquer, au cours de son travail, que *Coëtquen est encore la seule localité de France et de l'Europe moyenne où le D. strictum ait été trouvé en plaine. C'est là un fait important qu'il est bon de faire ressortir. La forêt de Coëtquen, en effet, n'atteint pas 100 mètres d'altitude dans son point le plus élevé. On peut ajouter le D. strictum à la liste des espèces généralement caractéristiques des montagnes moyennes, signalées jusqu'ici dans la Bretagne et la Basse-Normandie.*

Le *D. strictum* n'est en effet indiqué en France, par M. l'abbé Boulay (*Mousses de France*) et par M. Husnot (*Muscologia gallica*), que dans les

[1] *Bu'l de la Soc. des Sc. nat. de l'Ouest de la Fr.*, Vol. V, 1895, pp. 67, 74.

régions montagneuses suivantes : Pyrénées, chaîne des Alpes (des Alpes-Maritimes à la Haute-Savoie), Plateau Central (Mont Dore, Forez).

La découverte faite par notre confrère, en Maine-et-Loire, est donc très intéressante à plus d'un titre ».

### 232 — **D. Bonjeani** de Not.

Vieille route de Cholet au May, lit desséché d'un étang près du Cazeau ! (F. Cam.).

### 234 — **D. undulatum** Br. eur.

La localité de la Renaudière est à supprimer, la plante recueillie par Brin n'étant autre chose que *D. scoparium* Hedw.

### 243 — **Eucladium verticillatum** Br. eur.

Pontigné, chemin du moulin de La Roche, sur des blocs de grès, au-dessous des calcaires, c. fr. ! — Montjean, à Châteaupane, dans une grotte du calcaire dévonien ! (Préaub.)

### 249 bis — **Systegium crispum** Schimp.

Chaudefonds, friche calcaire au-dessus d'une carrière abandonnée, en allant à l'Orchère !

### 250 — **Archidium alternifolium** Schimp.

Baugé, dans une friche sableuse avant le moulin de Choisellier ! Passavant, rive gauche de l'étang !

### 253 — **Pleuridium alternifolium** Br. eur.

Baugé, dans une friche sableuse, avant le moulin de Choisellier !

### 254 — **Phascum Floerkeanum** Web. et M.

Angers, la Garenne-Saint-Nicolas, sur la terre battue, en compagnie du *P. rectum* (abbé Hy).

### 257 — **P. rectum** Sm.

Angers, la Garenne-Saint-Nicolas, sur la terre battue ; Noyant-la-Gravoyère, Fourneau de Fosse (abbé Hy).

### 261 — **Ephemerum serratum** Hampe.

Baugé, dans une friche sableuse, au bas de coteau et avant le moulin de Choisellier !

# HEPATICÆ

**8 — Scapania resupinata** Dum.
La Romagne, vallée de La Moine ! (F. Cam.).

**9 — S. nemorora** Dum.
*F^{ma} gemmipara* (Hook.). — Bois de Cholet ! (F. Cam.).

**10 — S. undulata** Dum.
Sur les schistes, au pied des coteaux de la Mayenne, entre Pruillé et Grez-Neuville ! — Noyant-la-Gravoyère, chute de l'étang de la Corbinière, très abondant ! (C'est bien la plante que MM. Trouillard et abbé Hy ont indiqué au même endroit sous le nom de *S. uliginosa.* Ce dernier est donc à rayer de notre Flore ).

**18 — Jungermannia crenulata** Sm.
*6 gracillima*, Nees, *J. gracillima* Sm. — Montreuil-sur-Maine, coteau de la Mayenne ! (Préaub.).

**21 — J. exsecta** Schmid.
D'après M. F. Camus, notre plante doit très probablement se rapporter au *J. exsectiformis* Breidl. (Voir Dismier, Bull. Soc. bot. Fr., XLIX, 1902).

**29 — Cephalozia connivens** Carringt et Pears.
Le Louroux, tourbière des Motais !

**Lophocolea** Dum.
Rétablir la synonymie comme suit :

**31 — L. cuspidata** Limpr., *L. bidendata* Dum. et Auct. plurim. (non Limpr., nec Pears., nec Schiffn.), *L. Hookeriana* Nees.

**32 — L. bidentata** (L.) Nees, *L. lateralis* Dum., *Jungermannia bidentata* L.

**38 — Modotheca lævigata** Dum.
Beaupréau ! (Brin).

**41 — M. Porella** Nees ab Es.
Ruisseau de Montbeau (affluent de l'Evre), entre Cholet et Trémentines ! (F. Cam.).

**42 — Radula complanata** Dum.

*Fᵐᵃ propagulifera* G. L. et N. — Le Longeron, rochers de la rive droite de la Sèvre ! (F. Cam.).

**45 — Lejeunea inconspicua** de Not.

Saint-Macaire, route de Beaupréau, sur le Chêne ! (Brin).

**46 — L. munitissima** Dum.

Bois de Cholet, sur les hêtres, dans une futaie près du logis Laveau ! (F. Cam.).

**47 — L. serpyllifolia** Lib.

Au bas d'un escarpement schisteux, entre Erigné et Juigné-sur-Loire ! — La Romagne, au moulin Bouchot ! (F. Cam.).

**48 — Cincinnulus Trichomanis** Dum.

Maulévrier, bois de Saint-Louis !

*Fᵐᵃ propagulifera* (Nees). — Saint-Sylvain, au Gué-Morel !

**49 — C. argutus** Dum.

Le Louroux, tourbière des Motais !

**50 — Tricholea tomentella** Dum.

Forêt d'Ombrée (Hy).

M. l'abbé Hy a bien voulu aussi me préciser la station de cette espèce, entre Loiré et Chalain : dans des prés tourbeux aux environs du Mesnil, et me confirmer la localité de Pouancé, déjà signalée par Desvaux.

Le *Tricholea* viendrait encore, d'après le même botaniste, dans la partie de la forêt de Juigné qui appartient au département de Maine-et-Loire.

**58 — Metzgeria furcata** Dum.

Sur les arbres des bords de la Moine, entre la Séguinière et La Romagne, c. pér. ! (F. Cam.).

**63 — Aneura multifida** Dum.

Le Louroux, tourbière des Motais !

**66 — Fegatella conica** Corda.

La Jaille-Yvon, coteau de la Mayenne, au bord d'une fontaine !

**67 — Reboulia hemisphærica** Raddi.

Cléré, sur les talus, près de la gare !

**71 — Riccia glauca** L.

D'après l'abbé Boulay, *Musc. de la Fr.*, *Hép.* (1904), p. 208, Warnstorf réunit au *R. glauca*, comme var. *subinermis*, le *R. subinermis* Lindb.

**75 — R. Bischoffii** Hübn.

Passavant, sur la rive gauche de l'étang !

**76 — R. nigrella** DC.

Laudes de Courléon ! (Préaub.).

**76 bis — R. subinermis** Lindb.

A subordonner au n° 71 (*R. glauca*).

**76 ter — R. sorocarpa** Bisch.

Chaudefonds, à l'Orchère, friches argilo-calcaires ! — Angers, la Baumette ! (abbé Hy).